Illuminazione a led della casa

Guida al fai-da-te
e come spendere poco

Mario Menichella

INDICE

INTRODUZIONE

Credo di essere stato fra i primi in Italia ad aver trasformato **completamente** da tradizionale **a 100% a led** l'illuminazione della mia casa, già nel 2012, ridicolizzando così i consumi-luce in bolletta.

All'epoca alcuni tipi di led – in particolare le strisce led – costavano **davvero molto** e non avevo alcuna voglia di spendere certe cifre, secondo me ingiustificate. Come fare allora?

Per fortuna, sono riuscito a risolvere in maniera brillante il problema dei costi con un **piccolo trucco** che scoprirete in questa guida (Cap. 10) e che vi ripagherà ampiamente dei soldi spesi.

Inoltre, con l'illuminazione a led ho dato anche un bellissimo tocco di colore e **originalità** alla mia casa, ben visibile soprattutto quando la sera, con i miei telecomandi, scelgo i colori e la trasformo con una serie di "effetti speciali".

Non c'è alcun motivo per cui anche voi non possiate fare quanto ho fatto io. E oggi è anche più facile, sebbene l'**esperienza** in questo campo sia preziosa, per cui una guida risulta indispensabile.

L'illuminazione è uno dei tanti versanti su cui si può conseguire un interessante **risparmio energetico**, sia nelle nostre case che negli ambienti di lavoro o di altro tipo. Il consumo elettrico di un sistema di illuminazione, infatti, dipende sia dal *tipo* che dal *numero* di lampade utilizzate.

Pertanto, già solo agendo su questi due fattori – ad es. sostituendo le vecchie lampadine con lampadine "a basso consumo" ed ottimizzando la **collocazione** delle stesse – è possibile ottenere un'effettiva riduzione della bolletta elettrica, o almeno di quella sua componente che è rappresentata, appunto, dall'illuminazione.

I sistemi di illuminazione a led, in particolare, risultano superiori agli altri tipi di illuminazione perché sono caratterizzati da una grande affidabilità, un'**elevata efficienza** e una lunghissima durata.

I led di ultima generazione, oltre ad avere una grande robustezza agli urti e alle vibrazioni ed un'accensione istantanea, sono molto più luminosi delle lampadine a incandescenza – ma consumano **7-10 volte meno** a parità di luce prodotta – e sono più efficienti di tutti gli altri tipi di lampadine.

Insomma, non credo occorra spendere altre parole: viva i led, i cui tre scopritori giapponesi non a caso hanno di recente ricevuto il **premio Nobel**. Ed ora andiamo a scoprirli per poter realizzare quanto prima il nostro impianto fai-da-te…

1. I VANTAGGI NELL'USARE I LED

Un'introduzione alle lampadine a led

Le *lampadine a led* sono moderne lampadine **a basso consumo** basate sui LED, o *Light Emitting Diodes*, ovvero "diodi a emissione di luce", dei componenti impiegati da anni nell'elettronica di consumo come segnalatori di stand-by di televisori, videoregistratori, etc. e in numerosi altri elettrodomestici o apparecchiature.

Da alcuni anni sono stati realizzati diodi led ***ad alta luminosità*** o "di potenza", usati inizialmente nei semafori e nelle luci posteriori delle automobili, ma oggi anche per realizzare le lampadine più varie, sia a bassa che ad alta tensione, adatte in pratica per qualsiasi applicazione.

Le lampadine a led trasformano in luce il 93% dell'elettricità consumata mentre **solo il 7%** viene disperso come calore, per cui consentono di risparmiare – a parità di luce emessa – fino all'80% di energia elettrica rispetto a una normale lampadina a incandescenza.

Inoltre, hanno un tempo di vita che può arrivare fino a **100.000 ore**, contro le 1.000 di una lampadina ad incandescenza e le 10.000 di una lampadina a fluorescenza.

Le due proprietà principali: luminosità e durata

Le lampadine a led hanno un'**efficienza luminosa** elevata (50-60 lm/W), 5 volte maggiore di quelle a incandescenza, cioè emettono molta più luce a parità di potenza assorbita.

Tuttavia, il flusso luminoso non fornisce un'indicazione corretta della luce da noi percepita: a tale scopo si deve usare l'*illuminamento* (misurato in "lux"), un parametro che misura la concentrazione della luce emessa su una determinata superficie.

Il valore di illuminamento dipende, oltre che dalla potenza della sorgente luminosa, da come la luce viene diffusa, e poiché i led sono **sorgenti direzionali**, con essi tale valore è circa doppio rispetto alle lampadine di tipo tradizionale.

Inoltre i led – e quindi le lampadine a led – hanno una **durata di vita** estremamente lunga, da 50.000 a oltre 100.000 ore (queste ultime corrispondono a 11 anni di utilizzo 24 ore su 24).

Sebbene non esista uno standard industriale che definisca la durata di vita dei led, i principali produttori ne fissano il termine quando il led cala di luminosità fino a fornire **solo l'80%** della luce emessa inizialmente.

Consumo elettrico delle lampadine		Flusso luminoso (lm)
Fluorescenti compatte	A incandescenza	
9-13 W	40 W	450
13-15 W	60 W	800
18-25 W	75 W	1.100
23-30 W	100 W	1.600
30-52 W	150 W	2.600

Tabella. Conoscendo il flusso luminoso emesso dalle lampadine da sostituire, è possibile scegliere le equivalenti a led di potenza giusta.

Il consumo di energia tipico delle lampadine a led

Oggi esistono sul mercato numerosi tipi di luci led. Per quanto riguarda le lampadine led, in particolare, il **consumo tipico** è di solito compreso fra i 3 watt e gli 11 watt all'ora.

Ma vi sono anche lampadine colorate che consumano **appena 2-3 W l'ora** e che risultano ottime per dare un tocco di colore a un ambiente, come pure lampadine da 15 o 16 W, adatte per illuminare da sole un'intera stanza come si faceva con le vecchie lampadine a incandescenza.

Dunque, si tratta in ogni caso di un consumo energetico **estremamente basso**, se si considera che una lampadina da 11 watt può arrivare a produrre la stessa quantità di luce di una vecchia lampadina a incandescenza da circa 110-120 W.

Tuttavia, la suddetta equivalenza di luce fra lampadine a led e quelle a incandescenti o fluorescenti compatte va presa **con una certa cautela**, poiché vi sono, ad es., lampadine a led che, a parità di potenza assorbita, producono più o meno luce, esistendo sia led normali che ad alta luminosità.

Ad ogni modo, passando da una illuminazione tradizionale ad una a led risparmierete molto: *quanto* dipende, appunto, dal **tipo di led** utilizzati: diciamo, grosso modo, fino all'80-90%.

Altre caratteristiche delle lampadine a led

Le lampadine a led hanno **bassi costi di manuten-**

zione, in quanto i led sono meccanicamente assai resistenti e le lampadine continuano a funzionare anche se qualcuno delle decine di led che le compongono si danneggia.

Infatti, diversamente dalle lampadine tradizionali il led **non "brucia"**: riduce solo l'intensità della luce emessa con il passare del tempo, cioè nel corso degli anni.

I led più comuni emettono luce rossa, arancio, verde e blu con colori saturi, e dalla loro combinazione è possibile creare le sfumature di colore volute, ma hanno un **indice di resa cromatica** (che misura quanto naturali appaiono i colori) non sempre elevato: 60-80.

Inoltre, i led si accendono **immediatamente**, non si riscaldano ed hanno dimensioni assai ridotte, perciò aprono nuovi orizzonti al design.

Esistono modelli di lampadine a led che possono sostituire direttamente le lampadine incandescenti compatte sugli impianti esistenti, avendo attacchi **a vite grande** (cioè E27), oppure **a vite piccola** (cioè E14 o "Mignon").

Ma vi sono anche lampade a led in grado di sostituire i **neon**, e modelli che funzionano a bassissima tensione, da 12V a 48V DC, adatti a sostituire le lampadine **alogene**.

2. PRINCIPALI PRODOTTI ESISTENTI

Le strisce led

Le cosiddette "**strisce led**" (o *led strip*) sono strisce – con tipicamente 60 led per metro, e luminosità di circa 15 W per metro – ideali per creare retroilluminazioni o illuminazioni verso il basso da mobili pensili, nonché luce colorata d'ambiente in una varietà di posti e situazioni.

Esistono in versione **monocromatica** (giallo, verde, rosso, blu) o in **luce bianca** ad alta luminosità (calda o fredda), nonché in versione **RGB**, cioè con colore regolabile a piacere.

Possono essere acquistate separatamente o in *kit* **completi** di alimentatore, raccordi, eventuale controller con telecomando per la regolazione, etc.

Tipicamente, infatti, una striscia led di 5 metri è alimentata con una tensione di **12 V** grazie a un apposito piccolo **trasformatore** di tensione, e consuma sui 25 W di potenza.

Le strisce led sono fatte in modo tale che, se ne occorre una lunghezza minore, possono essere **tagliate** ogni 5 cm circa con delle forbici, come vedremo più avanti.

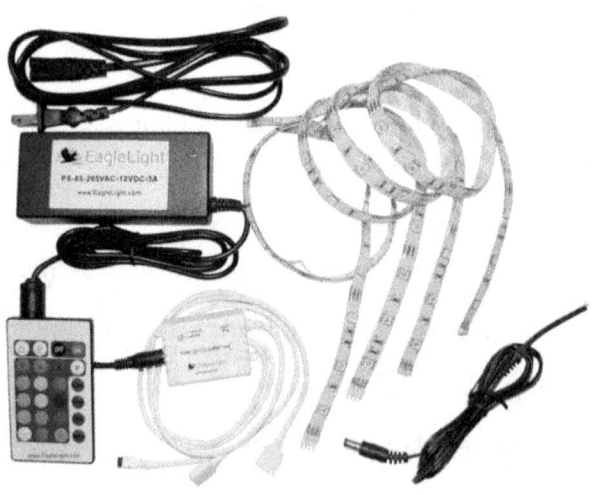

L'intensità luminosa massima delle strisce led di tipo tradizionale è di **15 lumen per led** (per cui in luce bianca si può arrivare anche a **300-400 lumen/metro**), e la durata di vita media tipica è di circa 100.000 ore, pari a più di **11 anni** d'uso continuativo.

Le barre a led

Le *barre a led* sono strisce rigide di led normalmente in luce bianca (calda o fredda) ad alta luminosità.

Tipicamente ospitate all'interno di una **struttura metallica** (in particolare, alluminio) più o meno elegante, sono ideali per l'illuminazione in sospensione di tavoli e per il montaggio **sottopensile** su scaffali mobili, vetrine, cornici, piani di lavoro, etc.

Una barra led da **50 cm** può contenere 30 led e consuma sui 6 W.

Sono di solito vendute con un cavo di alimentazione presaldato e un connettore per **prolungare** la barra led, se necessario, per cui risultano di facile installazione.

La tensione di alimentazione è solitamente di 12 V, per cui è richiesto un piccolo trasformatore di tensione, che può essere acquistato a parte, avendo cura che sia **dimensionato** alle nostre effettive necessità per evitare sprechi di energia che vanificano il basso consumo dei led.

Consigliamo anche di abbinare a questo tipo di illuminazione un *dimmer* (eventualmente con telecomando), per la regolazione dell'intensità di luce secondo le necessità del momento.

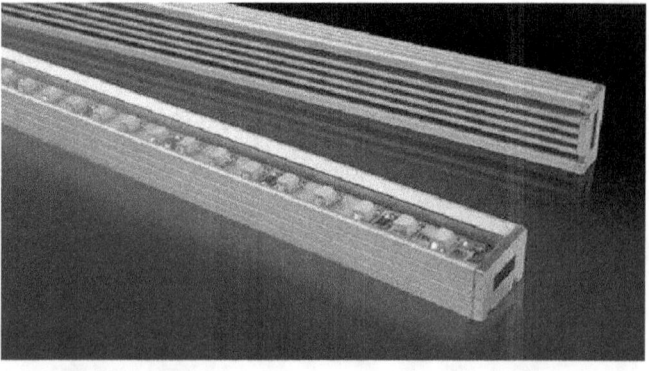

I faretti led

I faretti led utilizzano gli **stessi attacchi** (GU10 o GU 5.3) delle lampade **alogene** ma consumano di gran lunga di meno: oltre il 70%.

Pertanto, possono essere montati all'interno dei **portafaretti** convenzionali senza alcuna modifica, e sono ideali per illuminare quadri, statue e tutti quei soggetti o quegli spazi della casa che meritano di essere **esaltati**.

Un tipico faretto ad alta luminosità da 1 W dotato di un led ad alta potenza da 100 lumen produce un'illuminazione **equivalente** a quella dei faretti alogeni da 20 W con diametro di 35 mm.

I faretti led più usati producono una luce **bianca calda** (temperatura di colore 2700 K), e un fascio luminoso di circa 40°, ma sono disponibili anche nella versione luce bianca fredda (5500-6000 K).

Come le lampade alogene, i faretti led hanno una tensione di alimentazione di **230 V o** di **12 V** (in tal caso vanno accoppiati a un **trasformatore** di potenza leggermente superiore a quella nominale delle lampade), ma loro durata è assai più lunga, dell'ordine di 50.000 ore.

I tubi led

I tubi a led con **attacco "T8"** possono sostituire i tradizionali tubi al neon consentendo di spendere la metà per produrre la stessa illuminazione, rendendo quindi conveniente la **sostituzione imme-diata** non solo dei neon vecchi e poco efficienti ma anche di quelli ancora buoni.

Possono pertanto essere inseriti negli alloggia-menti dei tubi al neon, senza necessità di modifiche circuitali, se non della **rimozione di starter e tra-sformatore**, poiché il tubo led viene collegato di-rettamente alla tensione di rete a 230 V.

Ad esempio, un tubo a led da 9 W, composto da circa 170 led, può **sostituire** un tubo fluorescente di tipo tradizionale da 18-36 W.

Come sempre, è possibile scegliere tra led a luce bianca **calda o fredda**, a seconda dell'ambiente in cui li vogliamo installare e dell'effetto che vogliamo avere.

Si noti che i tubi led montano i led solo nella dire-zione in cui serve la luce, nell'ambito di un fascio luminoso di 120°, per cui abbinano al basso con-sumo intrinseco dei led il fatto di sfruttare **tutta la**

luce prodotta, che nei tubi al neon tradizionali viene invece in parte dispersa a causa della geometria
cilindrica del tubo stesso.

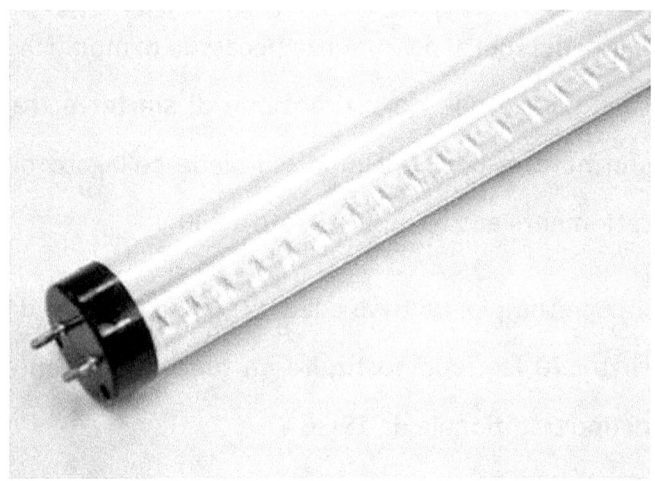

I pannelli led

Esistono molti tipi di **_pannelli led_**, distinguibili tipicamente dalla forma quadrata o rettangolare.

Si va da quelli che possono essere usati come
sottopensili per l'illuminazione localizzata anche in
ambiente domestico ai grandi pannelli (quadrati o

rettangolari) sottili e luminosissimi che possono essere inseriti in **controsoffittature** per l'illuminazione di uffici.

Ma oggi i pannelli led vengono sempre più spesso impiegati anche nelle case **di un certo livello** progettate dai moderni architetti.

Inoltre, esistono pannelli led adatti per il montaggio **sospeso** mediante fili d'acciaio e ganci inclusi, e naturalmente a luce bianca calda o fredda, etc.

Ad esempio, un pannello led quadrato da 36 W di potenza fornisce una luminosità di circa **3500 lumen**, ha un angolo luminoso di 120°, un'efficienza energetica del 92% e viene alimentato direttamente a 230 V, essendo l'alimentatore **incluso** nella confezione.

Naturalmente, dato l'elevato potere luminoso di questi pannelli, è suggerito l'accoppiamento con un dimmer o un **calcolo illuminotecnico** preliminare alla scelta, onde evitare una luce eccessiva.

3. QUANTO COSTA PASSARE AI LED

Il costo delle lampade a led con attacco classico

Le lampadine a led che possono sostituire le normali lampadine con **attacco a vite** (identificato con E14 il piccolo ed E27 il grande) – cioè quelle a incandescenza o le fluorescenti compatte – erano qualche anno fa piuttosto costose, per cui occorreva sceglierle con un occhio al portafoglio.

Oggi sono i prezzi sono parecchio calati e potete acquistarle in **negozi di bricolage** tipo *Leroy Merlin* oppure direttamente **su Internet**, come vedremo più avanti in questo capitolo.

Una lampadina a led equivalente ad una a incandescenza da 100 W può costare intorno poco più di una decina di euro , ma ci sono anche lampadine a led **meno potenti** acquistabili a un prezzo più contenuto.

Ad ogni modo, i listini sono lentamente in calo e lo saranno quanto più **marchi nuovi** di lampadine verranno immessi sul mercato, sia attraverso la distribuzione tradizionale che online.

Il prezzo medio dei led si è dimezzato, ad esempio, dal 2007 al 2011, ma cali significativi da parte dei **grandi marchi** (Osram, Philips, etc.) sono per ora da escludere perché questi hanno investito molto sulle meno durevoli e salutari fluorescenti compatte e vogliono continuare a venderle.

Quindi, il consiglio è di non esitare ad acquistare **online** anche marche sconosciute, se vi conviene.

Come comprare lampadine cinesi a basso costo

Se pensate che le lampadine a led vendute dai grandi e noti marchi di lampadine non siano prodotti **cinesi**, beh, fatevene una ragione, perché lo sono pure quelle.

Infatti, mi è capitato personalmente di individuare, per caso, il fornitore cinese di un **notissimo marchio** di lampadine e non solo presente in quasi tutti i negozi della grande distribuzione...

Per cui, acquistando da un grande marchio che ci mette sopra solo il suo nome, o da un importatore sconosciuto, spesso si acquista sostanzialmente lo **stesso prodotto**, con la differenza che nel primo caso lo si paga molto di più.

Quindi, tanto vale comprare il prodotto direttamente dal **fornitore cinese**.

Se vi servono quantitativi importanti di lampadine (ad es. per rivenderle a terzi), di potenziali
fornitori cinesi ne trovate a decine sui **siti specializ-
zati** per l'import dalla Cina, come *Alibaba* o altri.

Potete invece acquistare le poche lampadine
che vi servono per la vostra casa o azienda da un
importatore italiano, tramite il suo portale di e-
commerce specializzato in questo settore.

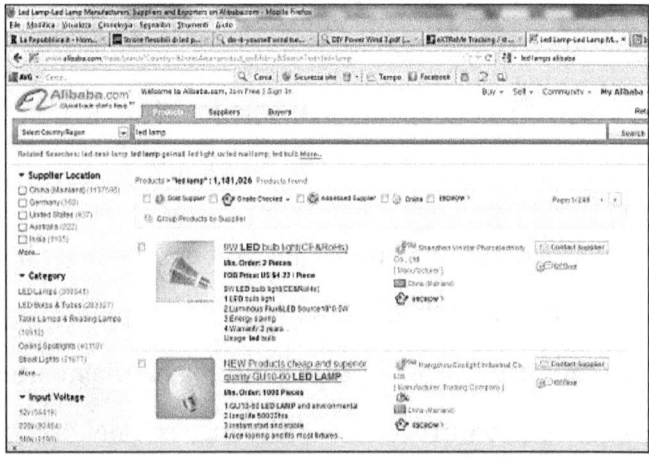

In questo modo, potrete risparmiare **finanche il
50%** per piccoli ordini di lampade a led, e anche di

più per i grandi, rispetto a quanto paghereste rivolgendovi alla grande distribuzione tradizionale.

Le strisce led: attenti al prezzo!

Le famose **strisce led** – ovvero quelle strisce solitamente colorate che permettono soluzioni di elevata originalità e livello estetico – sono probabilmente il prodotto a led per il quale si possono trovare ancora oggi i prezzi **più vari**.

Il prezzo di tale prodotto, infatti, varia seconda che si compri da **marchi noti** o sconosciuti, e si acquisti le strisce in **kit completi** o sotto forma di singole componenti sciolte.

Attualmente si possono trovare e comprare sul web delle piuttosto economiche strisce led **monocolore** (giallo, verde, rosso o blu) da 5 metri a partire da circa 40 € Iva compresa, equivalenti a un costo intorno agli **8 € al metro**.

Ma il prezzo può quasi raddoppiare se si desiderano strisce led con **luce bianca** (calda o fredda) e quasi triplicare se si vogliono **strisce RGB**, cioè regolabili su qualsiasi colore tramite un apposito selettore cambiacolore automatico o manuale, oppure con un telecomando.

Se però si vogliono acquistare strisce led di **noti marchi**, i prezzi al metro schizzano alle stelle e un discorso parzialmente simile vale se si decide di comprare in un negozio, anziché tramite un sito di e-commerce.

Quanto costa un kit per l'illuminazione a led

Se andiamo in un negozio di fai-da-te o in uno della grande distribuzione, abbiamo buone probabilità di vedere i moderni **kit** per l'illuminazione con **strisce a led flessibili** monocromatiche, colorate, o a colore regolabile (RGB), comprensivi di alimentatore e telecomando.

Una delle più note marche di lampadine che domina il mercato europeo vende il kit in questione a più di 50-60 €, ma le strisce sono **solo tre spezzoni** di 30 cm, e occorre spendere all'incirca altrettanto per acquistare dallo stesso marchio 3 metri aggiuntivi di strisce led.

Ovviamente, i prezzi in questione sono una **follia**, per un prodotto che ha un costo di produzione comunque bassissimo ed è praticamente sempre di manifattura cinese o comunque asiatica.

Pertanto, conviene fare un po' di ricerche su Internet, dove è possibile trovare dei siti web che vendono online prodotti del tutto analoghi a solo **poche decine di euro** in tutto.

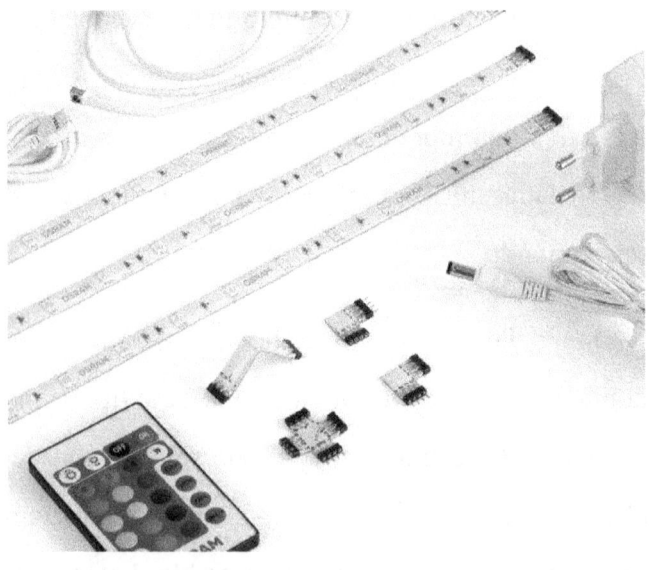

In questi casi, l'uso della Rete si rivela davvero prezioso per risparmiare, e prima o poi i grandi marchi dovranno adeguarsi a questi **prezzi straccia-ti**, se non vorranno perdere fette di mercato.

4. ELEMENTI DI ILLUMINOTECNICA

I parametri fondamentali delle lampadine

Oltre ovviamente al *prezzo* ed al tipo di *tecnologia* alla base del loro funzionamento, i **principali parametri** di natura invece tecnica che caratterizzano tutte le lampadine, e in pratica ci aiutano nel loro confronto e nella scelta, sono i seguenti:

- *Potenza:* espressa in Watt (W), ci da un'idea immediata della quantità di energia elettrica assorbita dalla lampadina nell'unità di tempo;

- *Flusso luminoso:* espresso in Lumen (lm), esprime la quantità di energia luminosa emessa dalla lampadina nell'unità di tempo;

• *Illuminamento*: espresso in Lux (lx), indica la quantità di flusso luminoso che colpisce una unità di superficie (1 Lumen su un'area di 1 mq corrisponde a 1 Lux);

• *Intensità luminosa*: espressa in Candele (cd), indica l'intensità della luce irradiata da una lampadina in una data direzione;

• *Durata*: espressa in ore, indica il numero di ore di funzionamento dopo il quale, in un determinato lotto di lampadine e in ben definite condizioni di prova, il 50% delle lampadine cessa di funzionare.

La "temperatura di colore" e altri parametri

Uno dei più importanti parametri che influenzano la scelta di una lampadina, a parità di altri fattori, è la *tonalità* della luce emessa, che è definita in termini della cosiddetta **"temperatura di colore"**, misurata in gradi kelvin (°K).

In commercio troviamo lampadine con diverse tonalità di bianco: "**calda**" (con sfumature tendenti al giallo), "**neutra**", e "**fredda**" (con sfumature tendenti all'azzurro).

Un altro interessante parametro di confronto è l'*indice di resa cromatica* (Ra): varia tra 0 e 100, e indica in che misura i colori percepiti sotto un'illuminazione artificiale si accostino ai colori reali. Quanto più tale indice si avvicina a 100, tanto più la sorgente luminosa consente l'apprezzamento delle sfumature di colore.

Infine, un parametro utile per valutare il risparmio energetico è l'*efficienza luminosa* (lm/W), che dà un'idea di quanta energia elettrica assorbita è trasformata in luce: rappresenta infatti il rapporto tra il flusso luminoso emesso dalla lampada (in Lumen) e la potenza elettrica che l'alimenta (espressa in Watt).

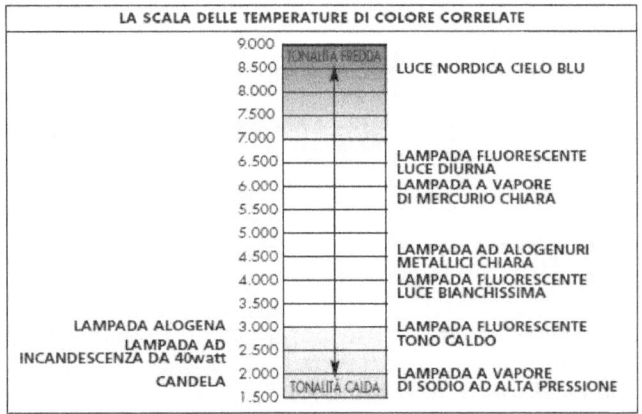

I livelli di illuminamento consigliati

Risulta di fondamentale importanza, ai fini del risparmio energetico, adattare l'illuminazione alle proprie **specifiche esigenze**, evitando gli errori più frequenti.

Questi ultimi sono rappresentati da una quantità di **luce insufficiente** allo svolgimento di determinate attività (come cucinare, leggere, cucire etc.) e da una **errata distribuzione** delle fonti luminose (che lascia fastidiose zone d'ombra o che provoca abbagliamento).

La quantità di luce necessaria in un ambiente cambia a seconda delle **funzioni** a cui questo è destinato.

In generale, la soluzione migliore consiste nel creare una luce soffusa in tutto l'ambiente e intervenire con fonti luminose **più intense** nelle zone destinate ad **attività precise**, come pranzare, leggere, studiare, etc.

Di seguito, riportiamo una semplice tabella con i **livelli di illuminamento** consigliati per una corretta progettazione dell'impianto di illuminazione negli ambienti domestici.

In un appartamento si consiglia, in generale, di

usare sorgenti luminose di tonalità **calde**, cioè con "temperatura di colore" compresa tra 2000°K e 4000°K.

Ambiente domestico	Illuminamento consigliato
Zona di passaggio	50-150 lux
Zona di lettura	200-500 lux
Zona di scrittura	300-750 lux
Zona pasti	100-200 lux
Cucina	200-500 lux
Bagno	50-150 lux
Camere	50-150 lux

Tabella. Livelli di illuminamento consigliati nella progettazione di un impianto domestico.

Consigli generali per l'illuminazione domestica

Innanzitutto, per diminuire i consumi di luce tinteggiate le pareti con **colori chiari**.

Nella *sala* o soggiorno, il **lampadario centrale** (tenendo però presente che i lampadari provvisti di molte lampade consumano di più, a parità di potenza totale delle lampadine) può fornire l'illuminazione "generale".

Tuttavia, è necessaria – o comunque consigliabile – un'illuminazione "**localizzata**" più intensa nelle zone destinate ad attività precise come pranzare, leggere, studiare, guardare la televisione.

In *cucina*, oltre all'illuminazione generale, occorre senz'altro prevedere luci **aggiuntive** sotto i pensili, sui piani di lavoro e sul piano di cottura.

Per le *scrivanie*, invece, sono da preferire le **lampade da tavolo** con braccio orientabile.

In *camera da letto*, l'illuminazione può essere realizzata in **molti modi**: attraverso un lampadario centrale, una piantana o tramite applique murali.

Sui *comodini* la soluzione ideale è una lampada con fascio luminoso **orientabile** per la lettura.

Nei *bagni* sono sufficienti plafoniere o faretti a

soffitto per l'illuminazione generale e, per quella localizzata, **appliques** ad accensione separata, montate ad esempio ai lati dello specchio e orientate verso il basso.

5. COME SCEGLIERE I LED ADATTI

L'etichetta energetica obbligatoria

Innanzitutto, è utile sapere che, dal luglio del 2002, anche per le lampadine ad uso domestico è obbligatoria la cosiddetta *etichetta energetica*, che in questo caso viene stampata sugli imballaggi delle lampadine stesse.

L'etichetta si applica alle lampadine alimentate **direttamente dalla rete**, incluse quindi le vecchie lampadine ad incandescenza, le fluorescenti compatte, le lampadine a led, etc.

Ne sono invece **escluse** le lampadine a bassissima tensione, o dotate di riflettore, le alogene doppio attacco per usi speciali, e le fluorescenti con flusso luminoso elevatissimo (oltre 6.500 lumen).

La *classificazione energetica* prevede **sette classi** di efficienza, dalla **A** (altamente efficiente) alla **G** (poco efficiente).

Le lampadine a risparmio di energia (e quindi pure quelle a led) entrano nelle classi **A e B**, le lampade alogene prevalentemente nella classe D e quelle ad incandescenza nelle classi E e F.

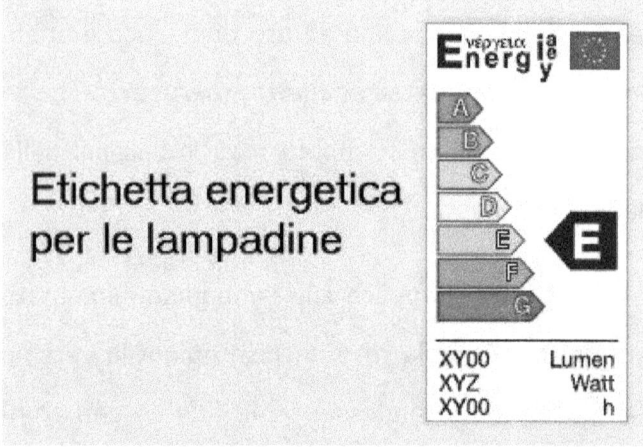

Etichetta energetica per le lampadine

Alcune lampadine speciali e decorative entrano nella classe G. L'etichetta energetica riporta anche **dati utili**, quali il *flusso luminoso* (in lumen), la *potenza* (in watt) e la *durata* (in ore) della lampadina.

Scegliete i led non fermandovi al prezzo

Quando comprate un sistema di illuminazione a led, non guardate **solo** al prezzo di vendita (che pure è importante), bensì badate anche ai seguenti elementi:

- *chip led*: ne esistono fondamentalmente tre: cinesi, di Taiwan, importati da altri Paesi, e ciò può significare differenze di prezzo e di prestazioni (i prodotti migliori come rapporto qualità/prezzo e design sono spesso sistemi di illuminazione progettati in Occidente e fabbricati in Cina con materiali di qualità da aziende selezionate);

- *packaging*: ne esistono due, resina e gel di silice, quest'ultimo più costoso perché dissipa meglio il calore;

- *uniformità della temperatura di colore*: in Cina ci sono migliaia di fabbriche di led, la maggior parte delle quali non sono in grado di assicurare tale uniformità perché non hanno le attrezzature necessarie;

• *luminosità dei led*: c'è una grossa differenza fra i led normali e quelli ad alta luminosità, perciò dovete aver chiaro quale livello di luminosità vi serve prima di comprare una lampadina o faretto a led, una striscia led o qualsiasi altro tipo di illuminazione a led.

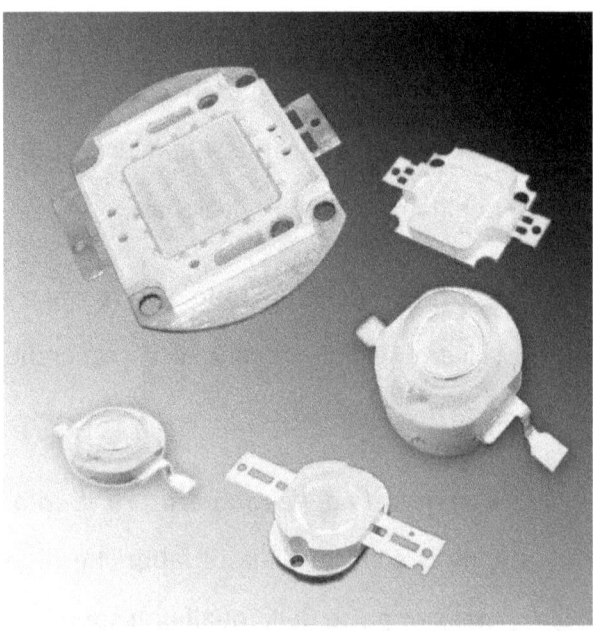

Equivalenza tra lampadine a led ed altri tipi

Non esistono tabelle o figure affidabili per l'**equivalenza *diretta*** della potenza in watt fra lampadine a led e lampadine a incandescenza, alogene, al neon o di altro tipo, in quanto:

- esistono **vari tipi di led** e centinaia di produttori di lampadine a led, pertanto una tabella valida per un certo led e produttore non può venire generalizzata;

- la scala di potenza in watt delle lampadine a led mal si presta come riferimento in quanto è estremamente "**schiacciata**", cioè anche soli 0,5 watt di differenza per una lampada a led significano in realtà svariati watt di differenza per una lampadina a incandescenza.

Pertanto, per determinare quale lampadina a led scegliere per sostituire una lampadina tradizionale – ad es. una a incandescenza da 100 W – occorre **procedere così**:

1) leggere su tabelle o figure (v. sotto) **quanti**
lumen corrispondono a una lampadina a incandescenza che intendiamo sostituire, ad esempio da
100 W (vediamo che in tal caso sono 1.600 lumen);

2) cercare una lampadina a led che, secondo le
specifiche rilasciate dal produttore (e riportate sulla scatola o su Internet), abbia un flusso luminoso
analogo, cioè nel nostro esempio di circa 1.600 lumen.

Consumo elettrico (W)	Flusso luminoso (lm)
40	450
60	800
75	1.100
100	1.600
150	2.600

Tabella. Luminosità delle lampadine a incandescen-
za, utili per la scelta delle possibili sostitute.

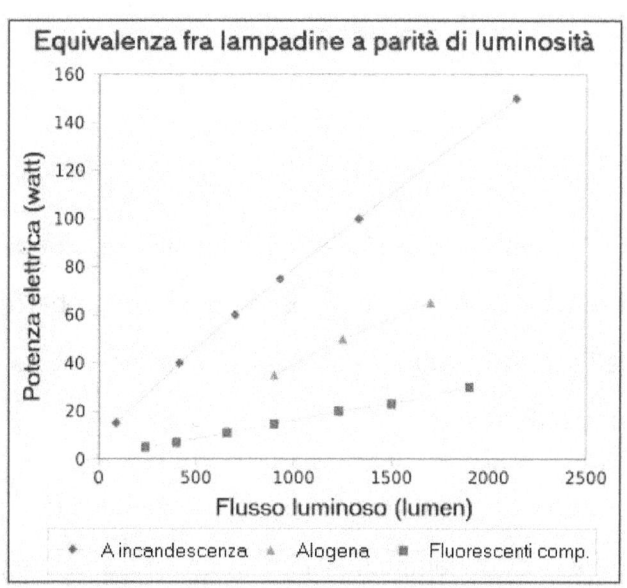

Equivalenza fra lampadine a parità di luminosità

Potenza elettrica (watt) — Flusso luminoso (lumen)

◆ A incandescenza ▲ Alogena ■ Fluorescenti comp.

Tabelle di equivalenza di facile utilizzo

Per facilitarvi la vita in fase di scelta ed acquisto (e facilitarla anche a me stesso, usando i led abitualmente), ho creato una serie di **tabelle di equivalenza** delle lampadine a led con:

- lampadine **a incandescenza**

- lampadine **fluorescenti compatte**

- tubi al **neon**

- lampade **alogene**

Ricordate che esistono tipi di led diversi, con **differenti valori** di luminosità per watt, perciò nell'acquisto scegliete la confezione che riporta i **lumen** desiderati.

Pertanto, **individuate** prima la luminosità (in lumen) della lampadina che intendete sostituire, dopodiché acquistatene una a led (o una striscia led) di pari luminosità.

Ad esempio, una lampadina a incandescenza da **100 W** corrisponde a un flusso luminoso di circa 1600 lumen, per cui potremo sostituirla con due lampadine a led da 9-11 W (in commercio esistono molte plafoniere che ospitano due lampadine ad attacco grande).

Lampadine a led (1)	Flusso luminoso equivalente (2)
2,5 W	140 lumen bianco caldo - 170 freddo
5 W	350 lumen bianco caldo - 400 freddo
10 W	750 lumen bianco caldo - 800 freddo
12 W	1000 lumen bianco caldo - 1150 freddo

Lampadine a incandescenza	Flusso luminoso equivalente
15 W	120 lumen
25 W	210 lumen
40 W	490 lumen
60 W	855 lumen
75 W	1180 lumen
100 W	1600 lumen
150 W	2600 lumen

Lampadine fluorescenti compatte	Flusso luminoso equivalente
5 W	330 lumen
7 W	460 lumen
9 W	600 lumen
11 W	730 lumen
13 W	860 lumen
15 W	1000 lumen
20 W	1300 lumen
24 W	1600 lumen

Tubi al neon	Flusso luminoso equivalente
17 W	1300 lumen
25 W	2000 lumen
30 W	2700 lumen
40 W	3500 lumen
65 W	5800 lumen
86 W	7500 lumen

Lampade alogene	Flusso luminoso equivalente
75 W	1350 lumen
100 W	1700 lumen
200 W	3400 lumen
300 W	5500 lumen
500 W	10000 lumen

6. GLI IMPIANTI LED FAI-DA-TE

I vari tipi di impianti con strisce led

Realizzare un impianto di illuminazione a led **domestico fai-da-te** non è così difficile, ma all'inizio occorre avere le idee il più possibile chiare su cosa si vuole esattamente, poiché gli impianti possibili sono molti e per ciascuno di essi servono determinati componenti e collegamenti.

Qui descriveremo i tipi di impianti di illuminazione a led **più comuni** e direi anche semplici, mentre per impianti particolarmente complessi occorre una progettazione *ad hoc*.

Solitamente gli impianti a led più spettacolari e richiesti per gli effetti di ambiente che possono produrre sono quelli con **strisce led**, i quali possono essere suddivisi in due grandi categorie: quelli *a luce bianca* (calda o fredda) e quelli che *cambiano colore* con un telecomando (**RGB**).

Entrambi i tipi possono avere vari tipi di "**architetture**", come ad esempio: (a) a striscia unica, (b) a striscia unica in più parti, (c) a più strisce in parallelo, etc.

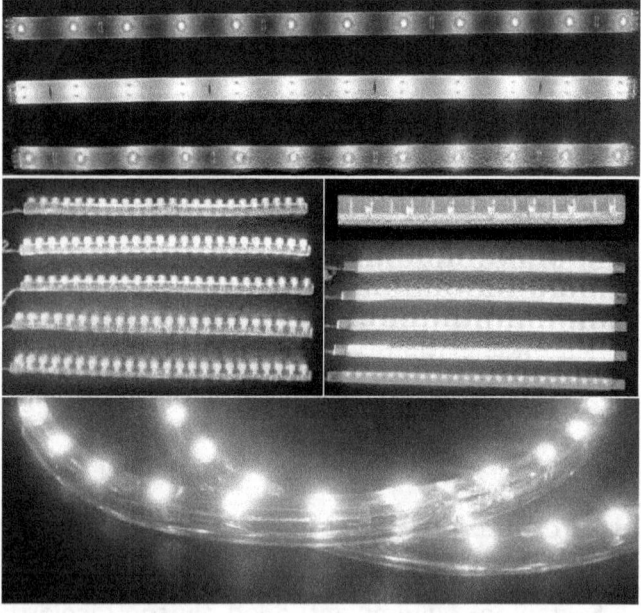

Ecco di seguito una **semplice guida** alla loro progettazione, con l'indicazione dei componenti necessari e di come vanno collegati fra loro, entrambe cose in realtà molto più semplici di quanto uno possa immaginare.

Impianti led a striscia unica e colore variabile

Nel caso vogliate realizzare impianti a strisce led (o "strip light") *a colori variabili* con telecomando, vi occorre acquistare i seguenti tre componenti:

- una **striscia led RGB** (1-5 metri);

- un **controller** con telecomando;

- un **alimentatore** di potenza (in watt) di poco superiore a quella della striscia led utilizzata. Ad es., se prendiamo 3 metri di una striscia led da 10 W/m, basta un alimentatore da 10 x 3 = 30 W.

Non occorrono in questo caso **connettori** aggiuntivi, poiché il controller stesso adatta, a livello di spinotti, l'uscita dell'alimentatore all'ingresso della striscia led.

Assicuratevi solo che il controller sia **compatibile** con la striscia led scelta: di solito, se li acquistate sullo stesso sito web, lo sono, altrimenti non siatene certi.

Inoltre, le strisce led esistono con varie **densità di led** per metro di lunghezza, per cui quelle con densità di led più alta (ad es. con doppia fila) risultano più luminose, ma costano di più.

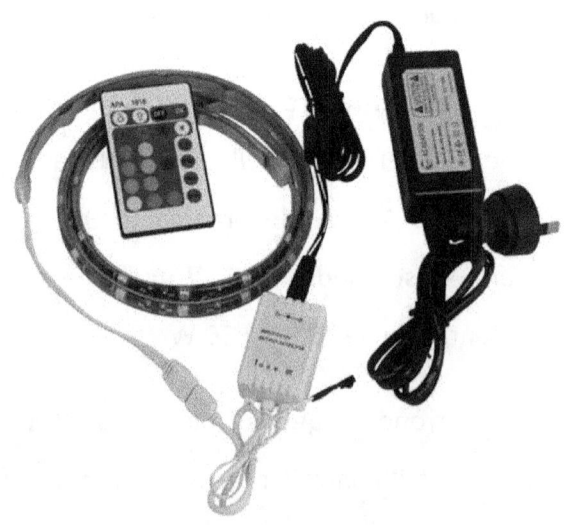

La componentistica non varia se l'impianto a led strip è per interno o per esterno: in quest'ultimo caso, semplicemente la striscia led verrà scelta di tipo **impermeabile**.

Impianti led a striscia unica e luce bianca o fredda

Nel caso di sistemi a striscia unica di solo **colore bianco** (caldo o freddo), che quindi non necessitano di controller e di telecomando per regolare il colore, basta comprare:

- la **striscia led**, fino a 5 mt di lunghezza ;

- l'**alimentatore** della potenza opportuna, come descritto in precedenza;

- un **connettore** che adatta, a livello di spinotti, l'uscita dell'alimentatore all'ingresso della striscia.

Le strisce led – anche quelle a colori, o RGB, descritte prima – sono strisce rettangolari flessibili e di solito spesse circa 1 mm e larghe circa 20 mm, contenenti almeno **60 led per metro**.

Quando acquistate una striscia led, questa può essere accorciata – se e quanto necessario – "spezzandola" in un punto *ad hoc*.

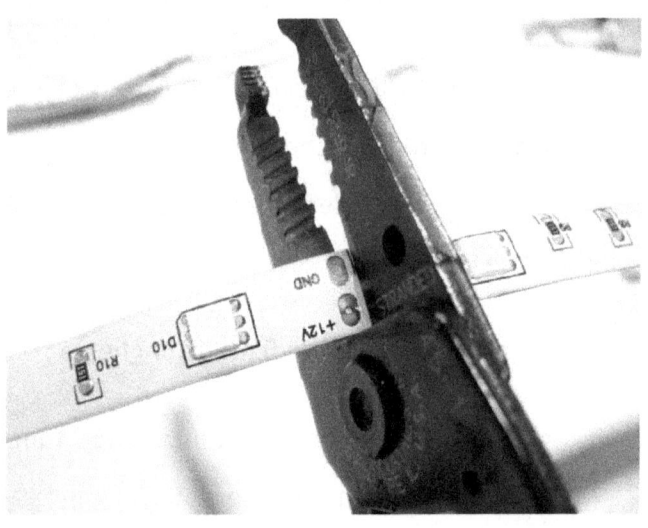

Impianti in sostituzione di lampadine tradizionali

Le strisce led sono un "qualcosa in più" e di solito decorativo, ma spesso l'illuminazione a led serve semplicemente per **rimpiazzare con i led** l'illuminazione tradizionale, cioè quella con lampadine a incandescenza, fluorescenti compatte, alogene o al neon.

Niente di più semplice, ecco come fare.

Per le lampadine **a incandescenza** basta sostituirle con *lampadine a led* aventi, ovviamente, lo stesso tipo di attacco (quello "a vite larga" si chiama E27 e quello "a vite stretta" E14), dato che lavorano alla medesima tensione (230 V).

Anche i *faretti led* possono sostituire direttamente le lampadine **alogene** con i rispettivi attacchi (GU10 per i 230 V, GU5.3 per i 12 V) mentre, se dobbiamo installare dei *faretti led a incasso*, di solito questi hanno un proprio alimentatore.

Idem per i *pannelli led*, che si collegano direttamente alla rete (230 V).

Se invece si sostituiscono dei tubi al **neon** con dei *tubi a led* aventi i medesimi attacchi (e lunghezza del tubo), come accennato in precedenza vanno rimossi starter e trasformatore, poiché i tubi led vanno collegati direttamente alla rete a 230 V.

Regolazione della luminosità: I led "dimmerabili"

Il **dimmer** è un componente molto comune negli impianti di illuminazione a led: questo componente elettronico, infatti, permette di regolare l'intensità luminosa dal 5 al 100%, a seconda di quanto ruotiamo la sua manopola o comunque di come lo regoliamo.

Esso è utilizzabile sulle strisce led bianche (fredde o calde). Per la regolazione delle strisce led cambiacolore, invece, si adopera l'apposito **controller e telecomando**. Questi, infatti, permettono di ottenere qualsiasi **colore** di luce, a seconda della tensione applicata ai 3 canali: R (*rosso)*, G (*verde*) e B (*blu*), nonché di regolare la **luminosità** variando la tensione.

La luminosità delle (1) lampadine a led, dei (2) faretti led, dei (3) tubi a led e (4) dei pannelli a led di solito – ma vi sono alcune eccezioni – **non si presta molto** ad essere regolata, se non tramite l'utilizzo di dimmer **specifici** per led, in quanto sono tutti dispositivi elettronici con **regolazione interna** della tensione.

In taluni casi, infatti – ad esempio se impiegati

con dei dimmer **inadatti** – le rispettive luci di questi dispositivi a led comincerebbero a tremolare.

7. COME TAGLIARE LE STRISCE LED

Dove e come si può tagliare una striscia led

Le strisce led – bianche o a singoli colori, oppure RGB (cioè di colore regolabile) – sono strisce **rettangolari flessibili** e di solito spesse circa 1 mm e larghe circa 20 mm, contenenti almeno 60 led per metro.

Quando acquistate una striscia led, questa può essere **accorciata** – se e quanto necessario – "spezzandola" in un punto *ad hoc*, che in genere si presenta ogni 5 cm.

Uno dei due spezzoni così ottenuti sarà immediatamente utilizzabile perché già dotato dei fili di uscita da collegare al connettore. In alternativa, comprando dei **connettori "ad angolo"**, potete u-

sare pure gli altri spezzoni ottenuti dal taglio, rea-
lizzando ad es. una cornice (a 3 o 4 lati) dietro il televisore.

Per il taglio di una striscia led occorrono solo un
paio di forbici e un buon occhio: noterete infatti
che sulla striscia vi sono dei **simboli di taglio** posti a
intervalli di distanza regolari, che indicano esattamente i punti dove la striscia può essere tagliata.

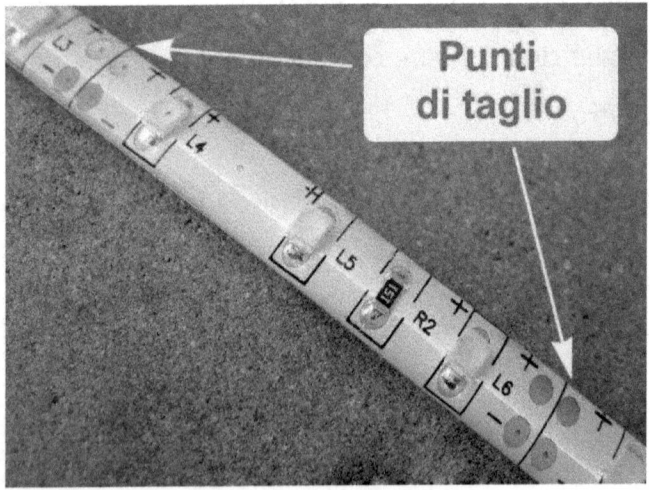

Per il taglio di una striscia led occorrono solo un

A questo punto potete fissare la striscia led così
ottenuta nel posto voluto (ad esempio, sotto un

pensile di cucina) usando un semplice **adesivo** oppure con una colla al silicone.

Come collegare le strisce led una volta tagliate

Dopo aver tagliato la striscia led, occorre **rimuovere** 1-1,5 cm di adesivo posto sul retro della medesima partendo dal punto del taglio per fissarla dove vogliamo.

Verranno così alla luce **due contatti** elettrici, con una sorta di coperchio a loro protezione.

Rimuovere quindi tale coperchio e inserire la striscia nel **connettore** che intendiamo usare, che magari avremo semplicemente sfilato da una delle estremità della striscia avanzate dopo il taglio.

A questo punto possiamo finalmente collegare la striscia led:

- ad **un'altra striscia** led (quindi, in pratica, a un altro connettore, oppure usiamo un connettore doppio semirigido con attacchi ad entrambe le estremità)

- direttamente al **sistema di alimentazione** (in tal caso il connettore usato avrà dei fili che fuoriescono da esso).

Fate sempre attenzione al fatto che i terminali "+" e "-" della striscia devono essere collegati agli **analoghi** terminali del connettore.

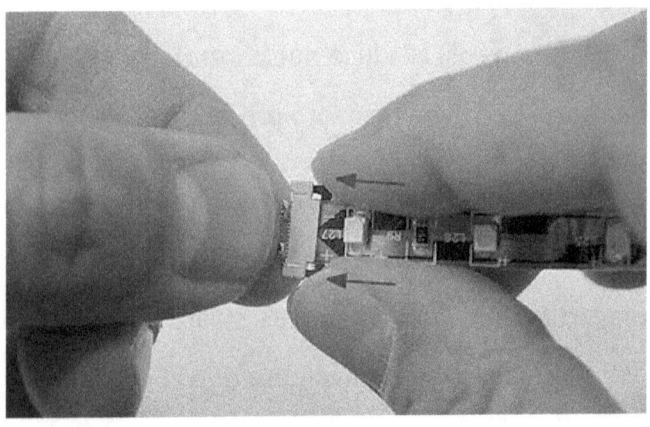

Infine, se la striscia risulta ben connessa ad un'altra oppure all'alimentatore ma **non si illumina**, provate a connettere l'altra sua estremità.

I vari tipi di connettori per strisce led

Esistono **vari tipi** di connettori led, di facile utilizzo con l'aiuto di un paio di forbici per gli eventuali tagli delle strisce led e di pinze per stringere il connettore sulla striscia a cui va applicato.

I principali tipi di connettori reperibili in commercio sono essenzialmente i seguenti:

- **adattatori per alimentatore**: possono essere flessibili o rigidi, e permettono di collegare una striscia led o un suo spezzone a un alimentatore in corrente continua a 12 V, eliminando la necessità di saldature e garantendo una connessione elettricamente più sicura;

- **estensioni flessibili per collegare due strisce fra loro**: permettono di essere orientate di un angolo compreso fra 10° e 180°, ottimo per collocare le strisce su cornici, scaffali, etc., ed in ogni altra situazione in cui occorre una continuità di luce ed al tempo stesso una flessibilità della striscia;

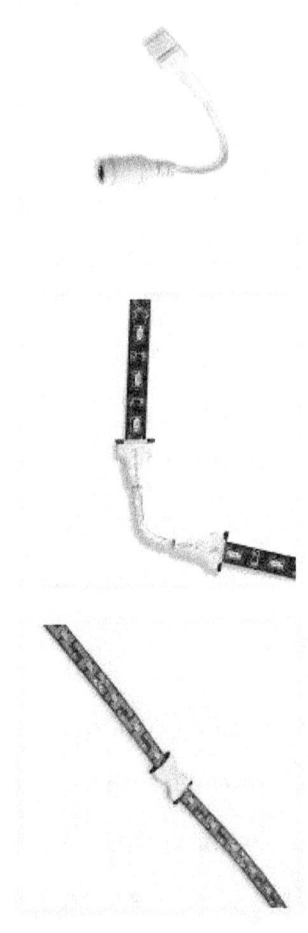

• **collegamento rigido fra due strisce**: consente di unire in maniera rapida e rigida due strisce led poste una a prolungamento dell'altra, come può servire lungo un mobile o una parete.

8. I METODI PER DIMMERARE I LED

I sistemi per il dimmeraggio dei led

I dimmer possono **regolare**, con una certa continuità, la luminosità di un led da un minimo dello 0%, corrispondente in pratica a un led spento, fino al 100%. Possono farlo:

- regolando la **corrente diretta**;

- attraverso una modulazione di larghezza di impulso (**metodo PWM**);

- attraverso un **controllo digitale**;

- tramite **altri metodi** più sofisticati.

La maggior parte dei dimmer, comunque, usano il sistema PWM, con il quale la **frequenza può va-**

riare da centinaia di cicli al secondo a centinaia di migliaia di cicli al secondo, così che il led appare all'occhio umano continuamente illuminato, senza sfarfallii o tremolii.

Altri vantaggi del metodo PWM sono che assorbe **pochissima energia** e che produce un bassissimo cambiamento di colore nella luce della lampada a led.

Infatti, in generale il dimmeraggio dei led produce uno **spostamento** nella distribuzione spettrale della luce, come con le lampadine a incandescenza.

Pertanto, se si produce luce bianca con dei **led colorati**, tale spostamento spettrale – specie con i led rossi e gialli – può produrre un effetto indesiderabile sulla luce bianca generata.

Il dimmeraggio resistivo dei led: non usarlo!

Il dimmeraggio resistivo è diventato uno standard per regolare la luce delle **lampade alogene** e funziona riducendo il voltaggio che arriva ai capi della lampada attraverso una opportuna resistenza in quanto a valore e potenza dissipata, che può essere determinata usando alcune semplici leggi.

Un dimmer resistivo è facile da installare ma ha lo svantaggio che l'energia elettrica sottratta al led è trasformata in **calore** e dissipata, per cui non è considerato un metodo efficiente dal punto di vista enegetico.

I led utilizzano una tensione compresa fra 12 V e 48 V, perciò hanno bisogno di un **trasformatore** per ridurre la tensione di rete, che è di 230 V.

Usare un dimmer resistivo fra la tensione di rete e il trasformatore **danneggia** il trasformatore stesso, mentre usare un dimmer resistivo fra il trasformatore ed i led causa un **tremolìo** nella loro luce, non una riduzione della stessa.

I led alimentati dalla rete elettrica, quindi, **non possono** essere regolati usando il dimmeraggio resistivo, perché lentamente li danneggia.

Il dimmeraggio dei led con la tecnologia PWM

La modulazione della larghezza di impulso (*Pulse-Width Modulation*, o **metodo PWM**) funziona "accendendo" e "spegnendo" la tensione ai capi della lampada ad una velocità variabile.

Aumentando o diminuendo **tale velocità**, si modifica la quantità di luce emessa e quindi si dimmera i led.

Il dimmeraggio PWM è energeticamente efficiente perché, a differenza di quello resistivo, più il led è dimmerato e **minore potenza** viene assorbita dalla rete.

In un circuito PWM, infatti, il **transistor** in un istante conduce completamente, oppure non conduce, ed in entrambi i casi la potenza assorbita risulta minima, a differenza di quanto avviene nei normali limitatori.

Il **problema** con il dimmeraggio PWM è che più si dimmera una lampada e maggiore è il numero di accensioni e spegnimenti, e quindi si può arrivare in un range di frequenze che è visto dall'occhio umano come un **tremolio** della luce.

Tale tremolio, comunque si genera solo quando la luce è regolata **sotto il 10%** del suo valore normale, cioè di quello nominale.

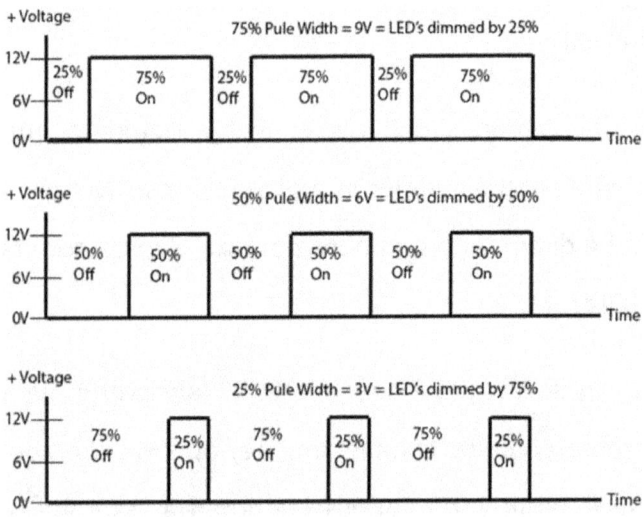

Il dimmeraggio dei led con un Triac

Un dimmer **Triac** (sigla che sta per "Triodo per Corrente Alternata") funziona conducendo la corrente in entrambe le direzioni, alternativamente, a una velocità variabile.

Ciò rende l'accensione e lo spegnimento della luce **più veloce** che con il dimmeraggio PWM, in modo da non raggiungere mai la frequenza percepita dall'occhio umano come un tremolio.

Tuttavia ciò può **ridurre la durata** di vita dei led, perciò per dimmerare i led è senz'altro preferibile usare il metodo PWM, mentre i Triac sono ottimi per dimmerare le luci a incadescenza o alogene.

Il dimmer Triac, come del resto anche quello PWM, richiede che gli sia inviato **un segnale** per "dirgli" di quanto deve dimmerare la luce: variando la **tensione** di tale segnale, varia l'intensità della luce.

Di solito, il range di tensione usato è 0-10 V, per cui basta usare un dimmer resistivo per regolare la tensione di questo segnale. In tal caso, a 10 V **la luce sarà al 100%**, a 8 V sarà all'80% del valore normale, o massimo, ed a 3 V sarà appena al 30%.

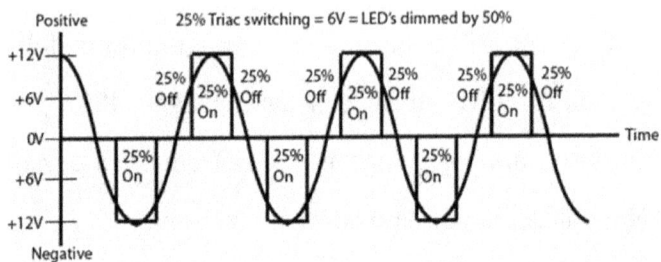

9. CONSIGLI PER ILLUMINARE LA CASA

Create un'illuminazione di atmosfera con i led

L'illuminazione a led può essere adattata non solo all'ambiente ma anche al proprio **stato d'animo**: può essere romantica, drammatica, rilassante, moderna, etc.

Perciò, quando scegliete il tipo di illuminazione per una certa stanza o zona della casa, tenete conto **prima di tutto** di tale aspetto: a cosa vi servono i led? Che stato d'animo volete creare in voi o nelle altre persone? Avete esigenze di illuminazione specifiche, come ad es. illuminare un'opera d'arte?

Una volta stabiliti questi **vincoli**, vi sarà più facile capire quali prodotti fanno al caso vostro. Ad es., una lampada led a forma di grande palla da golf sarà perfetta per creare un ambiente moderno, e potrà essere integrata all'occorrenza con dei led posti lungo le pareti.

Giocate inoltre con i colori, magari installando lampadine o strisce led il cui colore sia regolabile con un **telecomando** a seconda delle esigenze del momento. Assicuratevi, infine, di poter regolare a piacere anche la **luminosità** dei led, per ottenere effetti di luce diversi.

Pensare a un'illuminazione in modo creativo

Sbizzaritevi, innanzitutto nell'essere **creativi e originali**. I progetti che potete realizzare con le luci a led sono pressoché infiniti, e l'unico limite è costituito dalla vostra fantasia.

Una cosa molto semplice, ma sempre di notevole effetto (vedi foto) è porre una lampadina a led di colore regolabile con telecomando (oppure una striscia led a cornice) dietro al **televisore** o al monitor del computer.

Ma potete applicare led anche sulla vostra **bicicletta** (per la quale esistono anche dei kit dedicati che si applicano alle ruote) o sui vostri vestiti, e naturalmente nella vostra auto.

Potete ideare un'illuminazione a led speciale per un party oppure creare un **cielo stellato** per il soffitto della vostra camera da letto, ma cercate sempre soluzioni personalizzate.

Ricordate che alcuni led possono essere regolati,

grazie a un controller, un po' come le luci di Natale, per cui potrete ottenere una **varietà di effetti** e attirare l'attenzione dei vostri ospiti.

Non a caso, i led sono molto usati anche per le insegne dei negozi o per l'illuminazione esterna di hotel o di altre strutture. Progettare **cosa** illuminare, e **come** (se con strisce, lampadine, faretti, etc. e con quali colori), è dunque il primo passo per realizzare un'illuminazione a led.

Idee per l'illuminazione a led della casa

Potete illuminare la cucina con delle strisce led colorate nascoste in cima ai **battiscopa** della cucina stessa o collocate come sottopensili a luce bianca di intensità regolabile con un dimmer.

Se avete un tavolo da pranzo con il ripiano fatto di **vetro opaco**, potete avere un effetto straordinario illuminandolo dal basso con una fonte di luce led colorata e regolabile con un telecomando.

Anche gli scaffali delle **librerie** possono essere illuminati con strisce led, mentre in cima ad esse, od agli armadi, potete collocare da 2 a 5 lampadine led a colore fisso (costano molto poco e consumano circa 1 W ciascuna) collegate tramite un unico filo e comandate a distanza con un unico telecomando.

Ma se avete senso artistico, potete anche cimentarvi in progetti fai-da-te più complessi, come l'originale **testata del letto** mostrata nella foto in queste pagine.

In pratica, il consiglio è di organizzare le luci su

due livelli: uno di **bassa luminosità** con led **colorati**, per dare colore e atmosfera, e uno di **alta** luminosità con luci **bianche calde** per lavorare o leggere.

Zone di colore e luci a led indirette

I led colorati si prestano particolarmente per arredare una **camera dei bambini** non vivace di suo. Ad esempio, i colori delle strisce led si riflettono sui muri e poi sul tavolo.

Conviene creare **due o più zone** di colore diverse per controllare le quali si possono usare uno o più controller con telecomando, le cui batterie incluse durano per vari anni.

Se le zone di colore sono indipendenti, provando **varie combinazioni** di colore potete scegliere quelle che vi piacciono di più, adatte ai vari momenti ed all'umore.

Potete naturalmente applicare gli stessi concetti per arredare con le luci altre stanze o **zone** della casa.

L'importante è evitare sempre la **luce diretta** di strisce led o lampadine a led colorate: occorre nasconderle alla vista diretta, in quanto sarebbero

abbaglianti e brutte da vedere, mentre la luce ri-
flessa ha un effetto spettacolare.

Diverso, naturalmente, è il discorso per le lampadine a led bianche poste nei lampadari: in quel
caso, infatti, andiamo semplicemente a **sostituire**
la vecchia illuminazione con una simile ma più eco-
nomica.

10. ILLUMINAZIONE A LED: ESEMPI

Uso delle lampadine a led al posto delle strisce

Il sistema che ho usato in casa mia per risparmiare è stato usare **solo lampadine a led** al posto delle costose strisce led. Di fatto, non utilizzo strisce led per illuminare il mio miniappartamento.

La prima cosa che ho fatto è stata **sostituire tutte** le lampadine a incandescenza, alogene o fluorescenti compatte che erano presenti in casa, il che nel vostro caso potrebbe richiedere la sostituzione di qualche faretto o l'adattamento del portalampada alle lampadine a led, che spesso sono più lunghe di quelle tradizionali.

Per risparmiare, le ho acquistate sul web dal sito all'epoca più economico, *LedLamp*, che era anche

uno dei pochi dove si trovavano lampadine di elevata potenza luminosa.

Dopodiché, ho aggiunto **nuovi punti luce** che u-
tilizzano lampadine a led **colorate** (che consumano
intorno ai 3 W ciascuna, cioè poco, praticamente
quanto un televisore in stand-by).

Nella foto sotto, potete vedere le lampadine che
ho utilizzato, molto facili da trovare su Internet (in
questo caso le avevo acquistate da un noto sito di
elettronica: *Futura Elettronica*).

Impiego del telecomando per le luci colorate

Ciascuno dei miei punti luce colorati può essere acceso o spento tramite un **telecomando**.

Per le lampadine colorate appena mostrate ho usato una **presa telecomandata** comprata a parte presso negozi di bricolage, come quello mostrato in foto (oggi ci sono modelli molto più piccoli).

Questo tipo di telecomando di solito è fornito con **più unità** – cioè 2-3 prese incluse nella confezione – abbinabili ad altrettanti apparecchi elettrici, ma tutte comandabili da un unico telecomando. Unità aggiuntive della stessa marca possono poi essere acquistate a parte.

In alcuni casi, ho usato lampadine **a colore variabile**, cioè RGB, le quali sono dotate già di un proprio telecomando che dura anni poiché la batteria interna non si consuma granché. Queste lampadine possono essere acquistate a poco prezzo in negozi tipo *Leroy Marlin*.

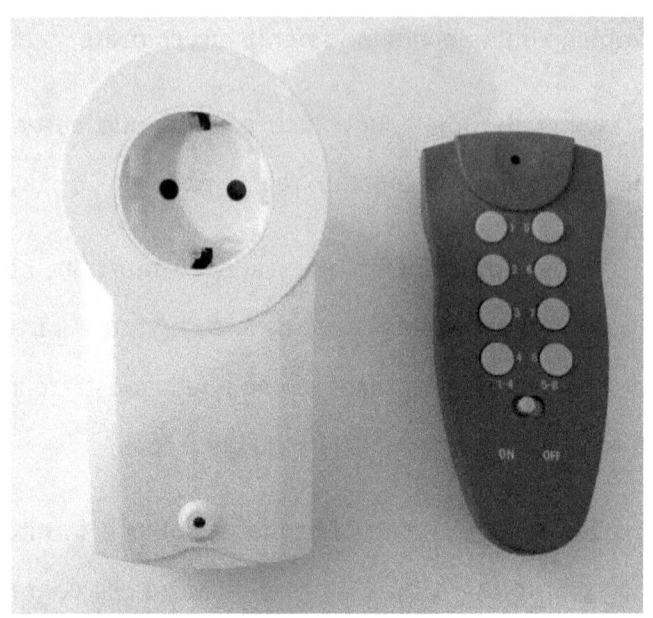

Esempi pratici di illuminazione e relativo effetto

Nelle figure che seguono mostro **tre esempi** di illuminazione a led con luci colorate:

> • illuminazione di una **camera da letto**, con
> due lampadine led di colore blu poste sopra
> l'armadio e telecomando comprato a parte;

• retroilluminazione di un **televisore**, tramite una lampadina a colore variabile fornita
di relativo telecomando RGB posta dietro
all'apparecchio;

• illuminazione di un **tavolo con vetro opaco** (acquistato da Ikea) tramite una lampadina a colore variabile posta sotto di esso all'interno di un punto luce da giardino;

• illuminazione della cucina con una lampadina a led colorata posta sopra la **caldaia a
gas** (potete scegliere, al solito, fra colore
fisso o variabile).

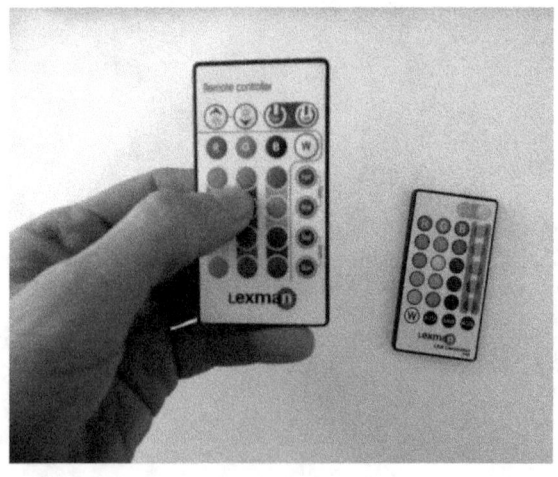

11. QUANTO SI RISPARMIA CON I LED

Differenza fra la potenza e l'energia assorbita

La cosiddetta "**potenza**" (spesso indicata anche come potenza nominale) di una lampadina a led, e più in generale di un apparecchio elettrico, si esprime in watt (W) o chilowatt (kW), mentre il consumo di energia elettrica si esprime in wattora (Wh) o chilowattora (kWh).

Dunque, una lampadina da **3 W** di potenza (che è la potenza tipica delle piccole lampadine a led, ad es. di quelle notturne) in un'ora di funzionamento consuma 3 Wh, pari a 0,003 kWh.

Se la stessa lampadina la usiamo per 8 ore al giorno, in un mese consumeremo 3 x 8 x 30 = 720 Wh = 0,72 kWh, mentre in un anno il consumo sarà di 3 x 8 x 365 = 8.760 Wh = 8,7 kWh.

In un piccolo appartamento, ad es. un bilocale illuminato completamente a led, nelle stanze possiamo avere tipicamente lampadine a led per un **totale di max 50 W** circa, per cui ipotizzando che le usiamo tutte per 8 ore al giorno avremo un consumo (massimo) annuo di 50 x 8 x 365 = 146.000 W = 146 kWh.

Ma, come potete notare, la potenza assorbita da tutte le lampadine del bilocale è comparabile a quella di **una sola** vecchia lampadina a incandescenza da 50 W, con un evidente risparmio in bolletta.

Le lampadine a led convengono davvero?

Nonostante ciò, l'investimento che si fa comprando una lampadina a led e buttando via perfino una lampadina a risparmio energetico del tipo fluorescente compatta si ripaga già nel giro di **pochi mesi** se è usata per **8 ore** al giorno, e più in generale nel giro di un anno dall'acquisto purché la lampadina sia usata almeno per qualche ora quotidianamente.

Altrimenti la nuova lampadina si ripaga su un tempo un po' più lungo, in base al **tempo di utilizzo**, dopodiché inizia il risparmio e dunque il guadagno indiretto, come si può dimostrare con qualche semplice calcolo.

Infatti, le lampadine a led hanno un'efficienza luminosa nettamente superiore: di almeno **120-130 lumen/watt**, contro i 60-90 di una fluorescente compatta ed i 10-15 lumen di una lampadina a incandescenza.

Ciò consente un notevole risparmio sulla bolletta elettrica, a cui si aggiunge il risparmio derivante dalla **lunga durata** dei led, che arrivano a funzionare dalle 20.000 alle 50.000 ore, dopodiché non si spengono ma semplicemente cala la luce da essi prodotta.

Per non parlare del fatto – interessante per chi usa i led in uffici o grandi aziende o per l'illuminazione stradale – che i led richiedono una **manutenzione** pressoché nulla, con i conseguenti risparmi.

Quanto costa il consumo di una lampadina a led

Ora che abbiamo stimato il consumo di una lampadina a led, risulta molto interessante stimare in che **spesa** il suo utilizzo si traduce nella propria bolletta elettrica.

Per prima cosa dobbiamo sapere **quanto paghiamo** un kWh di elettricità, e per questo basta dividere l'importo in euro fatturato in una bolletta per il numero di kWh consumati nel periodo corrispondente: in questo modo avremo il **costo al kWh** effettivamente pagato comprensivo di tasse e accise varie. Supponendo, ad es., di pagare l'energia elettrica 0,22 euro/kWh – un valore assolutamente verosimile nel caso di un contratto di fornitura elettrica per un'utenza domestica – l'uso di una lampadina da **3 W** per **8 ore al giorno** vi costerà, in un mese, 0,72 x 0,22 = 0,15 euro, e in un anno circa 0,15 x 12 = 1,8 euro.

Se la lampadina è da 12 W anziché da 3 W, basterà naturalmente **moltiplicare tali costi** per 4. E così via, senza dover ogni volta dover rifare i conti daccapo.

Quindi, come si vede, si tratta di costi molto ridotti che possono essere stimati in **circa 1/10** rispetto alle vecchie lampadine a incandescenza.

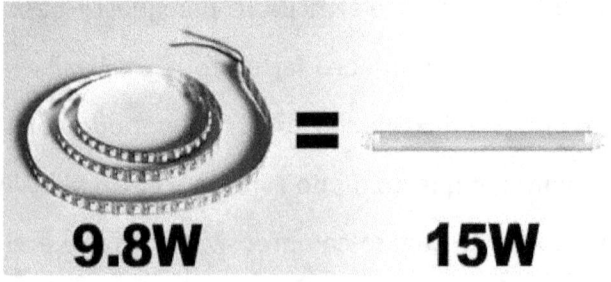

9.8W = 15W

Quanto si risparmia con le lampadine a led

Grazie all'elevato illuminamento caratteristico delle lampade e lampadine a led, è possibile sostituire con esse anche le lampade *fluorescenti* (compatte o al neon) con equivalenti a led che consumano molta meno energia, cioè di potenza (in watt) decisamente inferiore, conseguendo un rilevante risparmio economico.

Ad esempio, è possibile sostituire una normale lampada al **neon da 40 W** (del tipo T8 da 26 mm di diametro e 120 cm di lunghezza) con un "tubo a led" (composto da quasi 300 piccoli led) che consuma non più di 17 W.

In tal caso, ipotizzando un uso medio di 6 ore al giorno, il **consumo annuo** con le due diverse lampade sarebbe, rispettivamente, di 87,6 kWh e di 37,2 kWh.

Pertanto, ipotizzando un costo dell'energia elettrica di 0,22 €/kWh e il **risparmio annuo** nell'usare la lampada a led al posto di quella fluorescente al neon sarebbe di 50,4 kWh, e dunque di 11 €.

Oltre a ciò, va sottolineata ancora una volta la **maggiore durata** di vita della lampada a led, più che doppia rispetto a qualsiasi lampada di tipo tradizionale.

www.ingramcontent.com/pod-product-compliance
Lightning Source LLC
Chambersburg PA
CBHW070822180526
45168CB00002B/723